恐龙小Q

哇，科学可以这样学

这就是 物种起源

恐龙小Q 少儿科普馆 编

北京出版集团
北京出版社

目录

地球的前世今生

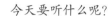

今天要听什么呢？

爸爸，再讲一遍生物进化吧！

要从"'砰！'一声"那儿开始听！

嘿！我是豆丁，今年8岁啦，
旁边这位是我爸爸，
他可是个超级厉害的生物学家，
每天睡觉前，
他都会给我讲很多生物故事。
我多么希望，
有一天，我也像爸爸一样，
成为一名伟大的生物学家！

zZZ

在很久很久以前，宇宙发生了一次大爆炸。
"砰！"一声……

138亿年前，宇宙还未形成，宇宙里发生了一次膨胀式的"大爆炸"，爆炸的物质慢慢冷却聚集……

其中一些物质聚集成了太阳，然后太阳周围的一些"大块头"聚集成了几个大的天体，其中就包括地球。

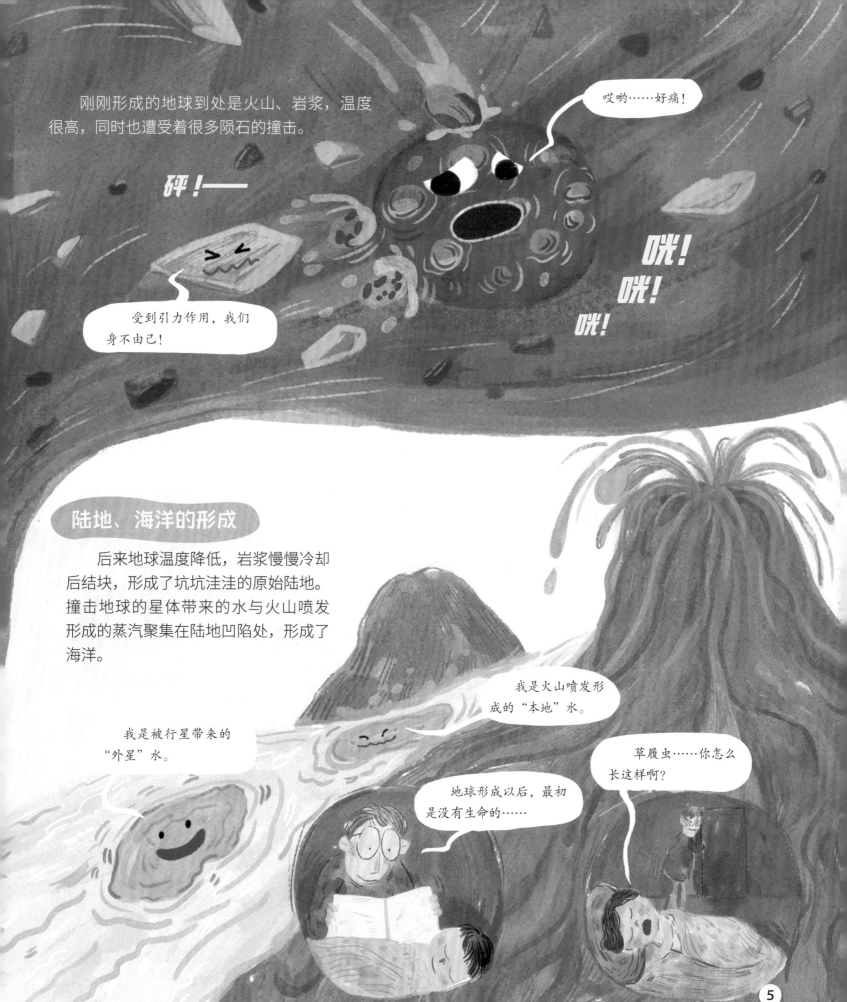

刚刚形成的地球到处是火山、岩浆，温度很高，同时也遭受着很多陨石的撞击。

砰!——

哎哟……好痛!

咣! 咣! 咣!

受到引力作用，我们身不由己!

陆地、海洋的形成

后来地球温度降低，岩浆慢慢冷却后结块，形成了坑坑洼洼的原始陆地。撞击地球的星体带来的水与火山喷发形成的蒸汽聚集在陆地凹陷处，形成了海洋。

我是火山喷发形成的"本地"水。

我是被行星带来的"外星"水。

地球形成以后，最初是没有生命的……

草履虫……你怎么长这样啊?

探寻最初的生命

大约 38 亿年前的海底热泉，出现了最早的生命——"露卡"，它以简单的分子形态存在，是地球微生物和动植物的祖先。

它是蓝藻，诞生于大约35亿年前的海水中，是最早的单细胞生物。

它是草履虫，也是单细胞生物，寿命很短，大概也就活一天一夜的时间。

请问您二位是？

我是草履虫，我可是单细胞生物的老祖宗。

喂喂喂，草履虫，我出现得最早，我才最有资格做单细胞生物的祖先吧？

这难道是35亿年前的海底？！

草履虫和蓝藻的身体里都只有一个细胞，所以它们叫单细胞生物。

好奇怪，我们怎么变得和这些细胞一样大了？

还别说，我的名字还真是这么来的。

哈哈哈，你的样子好像一只鞋呀！

那些古老的蓝藻随着海水涌动，一波又一波，渐渐地便堆积成了这些"小石墩儿"——叠层石，正是有了它们，科学家才能了解到地球早期的生命。

7

单细胞生物的生存策略

蓝藻出现以后，大量繁殖，数量越来越多，这让地球环境发生了巨变，氧气越来越多，使地球出现了"大氧化事件"。

单细胞共生

原始的单细胞生物（原核细胞）面对环境变化，唯一的应对策略就是改变自己！它们把别的细胞吞进"肚子"，从此生活在了一起，这就是"共生"。

看看实现共生后的细胞有什么变化。

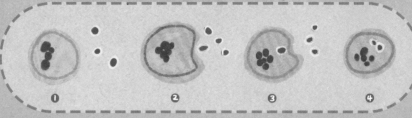

原始细胞（原核细胞）　　　　　　　共生的细胞（真核细胞）

出现多细胞生物

还有一些单细胞生物尝试了别的进化策略，它们结束"独居生活"，扎堆儿形成群落，久而久之便融合在一起，形成了多细胞生物。

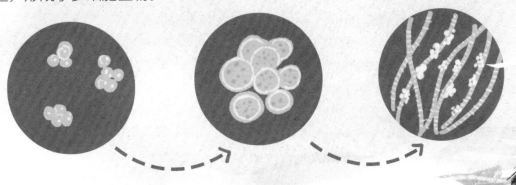

都怪你，挤挤挤！
你看咱们都连一起了。

单细胞生物已经开始
向多细胞生物进化啦。

多细胞生物中，最有名的就是海绵。它们是最早的多细胞动物，但是它们没有器官，也没有脚，不能移动。

你们好，我是海绵。

你怎么和家里的
海绵长得不一样呀？

人家是动物！动物！

随着多细胞动物越来越多,地球开始进入多细胞动物时代。

查恩盘虫

斯普里格蠕虫

金伯拉虫

三分盘虫

这些"虫虫"都长得好奇怪。

水母

虫虫的身体改造1——化解尴尬

哎，我什么都不知道。

每晚的"故事时间"你都在睡大觉，当然不知道啦！

哎，学海无涯，不进则退……

这些原始动物既不能走，也不能跑，跟现在的动物很不一样。

呃，这么说倒是没错。老夫的身体构造确实有些劣势，但后辈们为了捕食和生存，身体构造有了许多改变呢！

动起来

为了活动，它们的体形不再像我们一样奇形怪状，而是进化得越来越对称了。

行走的感觉挺好，可惜你们不会。

不对称

辐射对称

两侧对称

另外，为了争取更多的氧气和食物，它们像大饼一样铺展着。

我们这样摊开，是为了更大范围地接触到海水。

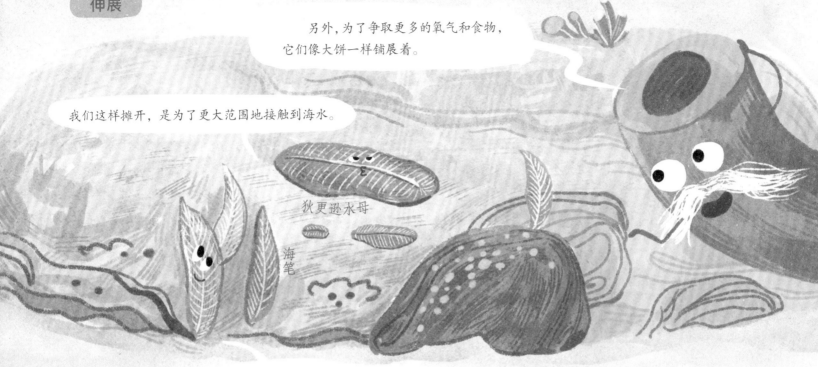

狄更逊水母

海笔

我立起来也是这个目的。

长出排泄口

说来尴尬，像这些原始的基础动物，嘴巴和屁股是同一个地方，全身唯一的开口既用来吃东西，也用来排泄，这真是太不雅了。

水母

水螅

海葵

后来，它们在身体上又开了一个"口"，大大提高了消化系统的工作效率，真是长江后浪推前浪！

这样下去确实不是个办法……

食物　　粪便

粪便

呼，方便的身体构造让我快乐！

食物

时间加速了吗?
好像到了寒武纪呀。

你看前面,那不就是
这个时期的杰出代表吗?

寒武纪生命大爆发

距今 5.41 亿年前,是地球的寒武纪,这个时期出现生命大爆发,几乎所有生物的祖先都纷纷登台亮相。

眼睛

仔细观察这些动物,很多都长出了眼睛,这些眼睛可不是一下就长成了这样,而是经过漫长的演变,从看不清东西的"感光点"变成了真正可成像的眼。

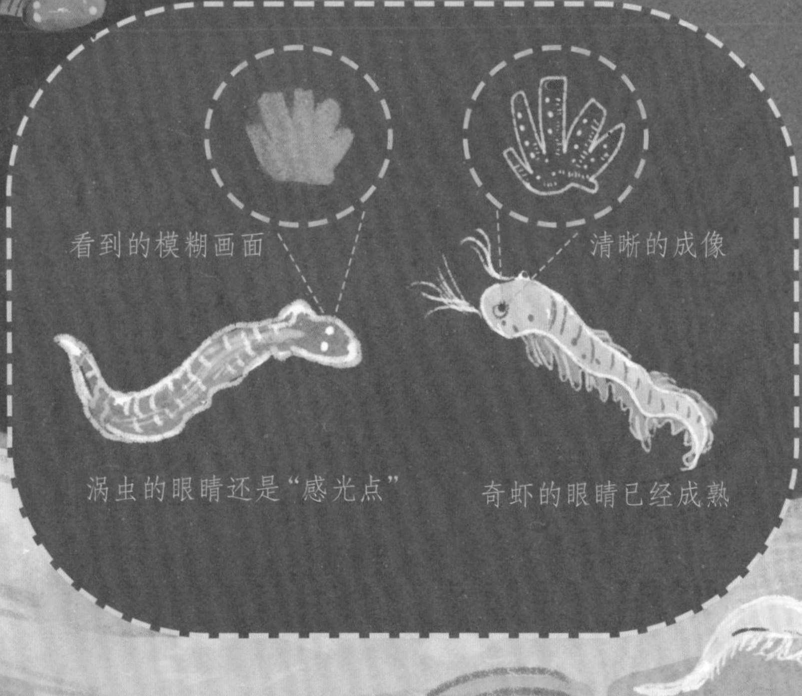

看到的模糊画面

清晰的成像

涡虫的眼睛还是"感光点"

奇虾的眼睛已经成熟

前面是白色的小脏狗。

你说谁是小脏狗!

从虫到鱼的飞跃

据我判断，我们应该是在一个变速空间里面。

为什么大海里没有一条鱼呢？

鱼类时代不远了。

因为这时候地球上还没进化出鱼类。

鳃的进化

这个体长仅 1 毫米的微型怪叫皱囊虫，它生活在距今约 5.4 亿年前的海洋中，是第一个有"口"的动物。它身上除了这个口，还有 4 对凸起的小透气孔，这就是后来鱼鳃的雏形。

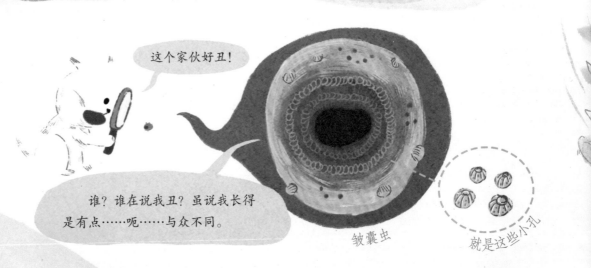

这个家伙好丑！

谁？谁在说我丑？虽说我长得是有点……呃……与众不同。

皱囊虫

就是这些小孔

它是皱囊虫，可以说鱼类就是由它们进化而来的呢！

鲨鱼的这些裂缝就是鳃裂。

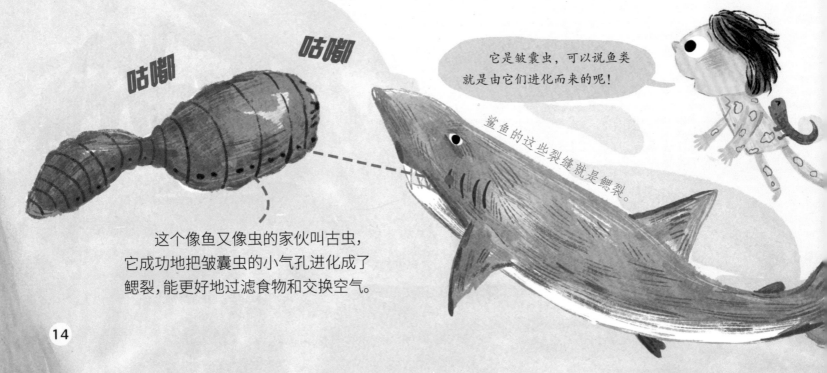

咕嘟　咕嘟

这个像鱼又像虫的家伙叫古虫，它成功地把皱囊虫的小气孔进化成了鳃裂，能更好地过滤食物和交换空气。

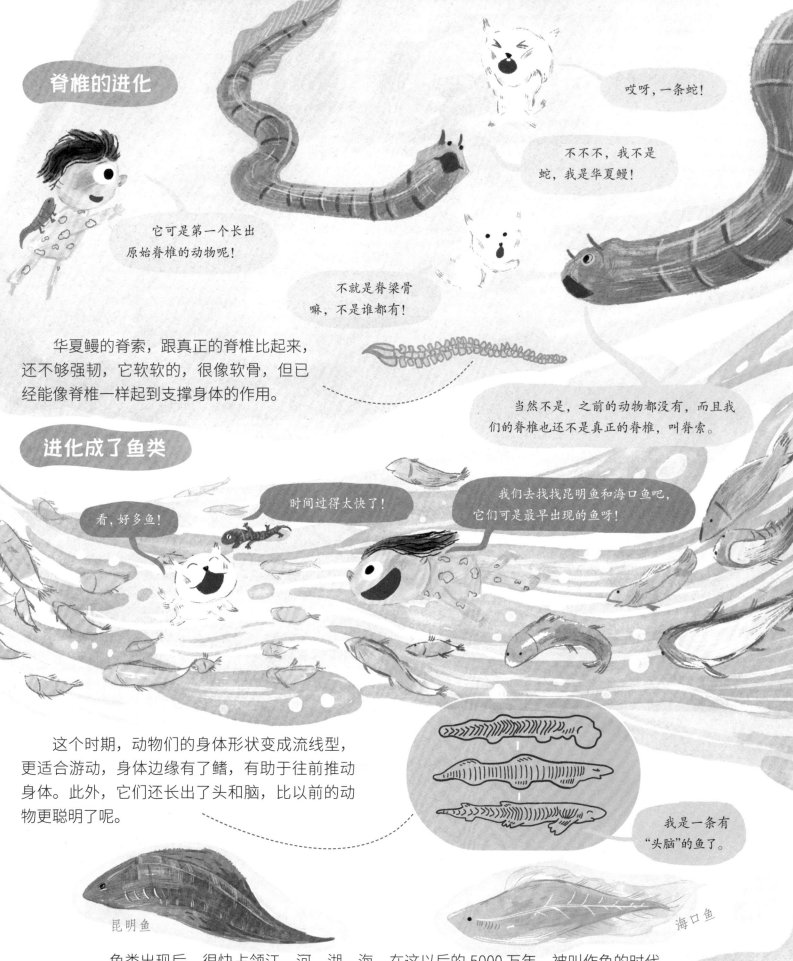

脊椎的进化

哎呀，一条蛇！

不不不，我不是蛇，我是华夏鳗！

它可是第一个长出原始脊椎的动物呢！

不就是脊梁骨嘛，不是谁都有！

华夏鳗的脊索，跟真正的脊椎比起来，还不够强韧，它软软的，很像软骨，但已经能像脊椎一样起到支撑身体的作用。

当然不是，之前的动物都没有，而且我们的脊椎也还不是真正的脊椎，叫脊索。

进化成了鱼类

看，好多鱼！

时间过得太快了！

我们去找找昆明鱼和海口鱼吧，它们可是最早出现的鱼呀！

这个时期，动物们的身体形状变成流线型，更适合游动，身体边缘有了鳍，有助于往前推动身体。此外，它们还长出了头和脑，比以前的动物更聪明了呢。

我是一条有"头脑"的鱼了。

昆明鱼

海口鱼

鱼类出现后，很快占领江、河、湖、海，在这以后的 5000 万年，被叫作鱼的时代。

15

嘴巴的胜利

原始的鱼类没有颌骨，它们不能靠上下颌的咬力捕食，嘴巴只能像个大吸管一样吸食微小的动植物类。

吸溜——

感觉不妙啊。

快到"嘴"里来。

哎，在吃饭这件事上，我不会咀嚼，只会吸溜。

在这些最原始的鱼类中，这种头上顶着坚硬"头盔"的甲胄鱼，生活在距今 5 亿多年前，是当时海洋中没有颌骨的动物代表。

甲胄鱼

是因为没有牙齿吗？

没有颌骨，就不能啃你最爱的骨头……

是因为没有颌骨，嘴巴的张开与闭合都需要颌骨。

为了生存，也为了捕食，大概 4.23 亿年前，鱼类进化出了颌骨，最早长出完整颌骨的鱼是一种头部像海豚，身上有硬邦邦骨片的奇怪鱼类，叫盾皮鱼。

啃骨头？什么是骨头？啃什么骨头？

盾皮鱼

颌骨是怎么来的呢？

在鱼的鳃周围，有一些支撑鳃的小骨头，叫作鳃弓，颌骨就是由这些小骨头演化而来的。

感谢"嘴"的诞生，这次应该能啃骨头了吧？

还是不行呢，牙齿还不够强大……

16

鱼类长出了颌骨，同时上下颌间形成了一个新的空腔——口腔，牙齿也进化成坚硬的牙，这样一来，就能主动捕食、撕咬了。

这是原始的牙

这是进化后的牙

口腔

好凶的大鱼。

弱肉强食懂不懂，再说了，如果没有进化出牙齿，你就不能……

啃！骨！头！

邓氏鱼，当时海洋中最凶的猛兽，它的咬合力非常强，一嘴下去，比鲨鱼还要厉害 10 倍。

邓氏鱼

啥，比我厉害的鱼？没见过，没见过……

邓氏鱼是地球上最古老的有颌脊椎动物，已经灭绝了，你想见也见不到。

目标，陆地

大约 4 亿年前，地球的气候变得干燥炎热，大量湖泊、河流干涸，海平面也降低了，许多鱼类因此死掉，而有着"先天优势"的肉鳍鱼成了幸存的胜利者。

它们都是肉鳍鱼类，只是生活在不同的时期。

哈哈。

肺鱼

钩吻肺鱼

希氏根齿鱼

真掌鳍鱼

矛尾鱼

脚大鱼

肉鳍鱼是一种硬骨鱼，它们的鳍不像其他鱼类的鳍只有薄薄的一层，而是一种强健的肉质鳍。经过进化，这种鳍慢慢长出骨头，可以辅助肉鳍鱼开始在浅滩中"行走"。

肉鳍鱼

这哪叫什么"行走"，只能算是……嗯……撑着水底滑行！

它们还在进化过程中……

后来，肉鳍演化成了四肢。

从鳍到脚

鱼鳔进化成了原始的肺。

呼！大口呼吸的感觉真是爽！

有了肺，就可以去浅海生活，或者短暂浮出水面也完全没问题。

有了原始的四肢，有了肺和畅通的呼吸道，就很好地解决了运动和呼吸的问题，肉鳍鱼类勇敢地向陆上进军，进化成两栖动物。

时代在召唤，现在我是"新新鱼类"！

肉鳍鱼的登陆史

鱼石螈，登上陆地，成为两栖动物。

提塔利克鱼，有像四肢的鳍，可以走上陆地。

这就是生命从海里爬上陆地的过程，之后经过很久很久的演化，才出现了人类。

潘氏鱼，在浅滩生活，能用鳍撑地，爬上陆地待一会儿。

真掌鳍鱼，有了内鼻孔，开始频繁地浮出水面。

原来我们都是由鱼变成的，那人类是不是也是鱼类进化的呀？

梦幻鬼鱼，是最原始的肉鳍鱼。

手，难道……肉鳍？！

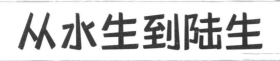

从水生到陆生

对面这位论辈分应该算是我爷爷的爷爷的爷爷辈……

我是你爷爷的爷爷的爷爷辈？你瞎说什么！

真的，听我给你解释。

从我生活的年代往前推 3.7 亿年，肉鳍鱼演化成了两栖动物，它们的头很小，尾巴很长，既能在水中生存，又能在陆地生存。

有灵活的颈关节，能转动头部。

一步，二步，三步……我要吃到岸上美味的虫子！

尾巴是它的"平衡器"。

在水中靠鳃呼吸，在陆地上靠肺呼吸。

把卵产在水里。

有像青蛙一样的脚。

鱼石螈是第一种两栖动物。

这些都是那个时期两栖家族的代表。

棘螈

蜥螈

虾蟆螈

海纳螈

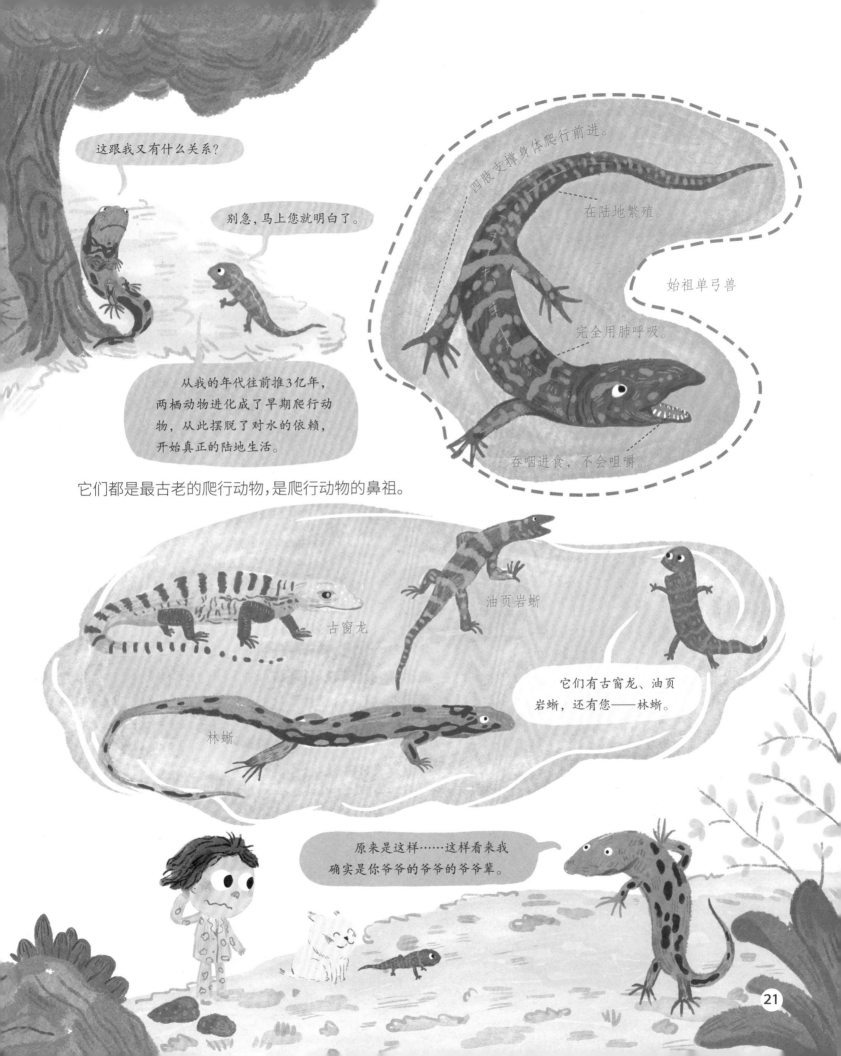

在陆地站稳"脚跟"

爬行动物在陆地上开疆拓土以后，随着它们对环境的逐渐适应，它们开始衍生出各种形态。

变大，变大！

阔齿龙披着厚厚的鳞甲，相比爬行动物始祖，身板儿大得"吓人"，体长3米，是最早的大型陆生动物之一。

前面来了个大家伙！

哦，不用害怕，这是阔齿龙……

我很丑，可是我很温柔。

◆ 阔齿龙
生活在 2.9 亿年前

脚丫朝前

动物在进化的过程中为了能在陆地上轻松行走，进化出了朝前的脚丫，彼得普斯螈就是已知最早脚丫朝着前面的动物。

哎呀呀，现在走路真是顺呀！

这是彼得普斯螈，它的脚丫是朝着前面的。

唰——唰——

◆ 彼得普斯螈
生活在约 3.5 亿年前

脊椎要更结实

当动物们在水中生活时，依靠了水的浮力，但是到了陆地上，它们需要更强壮的脊柱，来支撑身体维持运动。

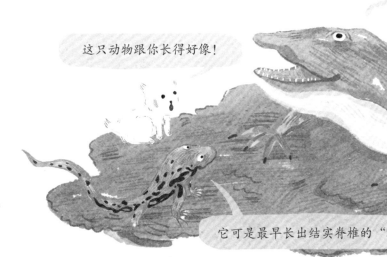

瞧，我的身材多挺拔！

这只动物跟你长得好像！

◆芝士湾蜥
生活在 3.35 亿年前

它可是最早长出结实脊椎的"蜥"。

为卵裹上厚厚的壳

两栖动物在水里产卵，它们的卵宝宝只能在水中发育成幼崽。

爬行动物把卵产在陆地上，卵外包着壳，对卵能起到保护作用。

两栖动物产卵

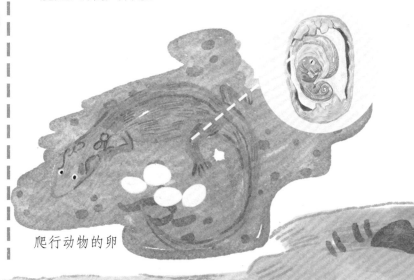

爬行动物的卵

您懂得真多！

那当然啦！

23

谁是陆上最强者

最早的爬行动物在陆地上站定脚跟以后，就又演化成了两种不同分支的动物。

◆ 林蜥
爬行类和鸟类的祖先——"龙族"

◆ 始祖单弓兽
哺乳动物的祖先——"兽族"

林蜥和始祖单弓兽就是这两类不同动物的元老。

为了生存，这两个分支的动物们可谓是用尽浑身解数，在 3 亿年的进化中，不断优胜劣汰，优化自己的族群。

我是你们的祖先。

我是你们的祖先。

它们两个分支在进化中比赛看谁进化得快呀！

不是，动物不是想怎么变就怎么变，它们的进化是漫长的改变。

支撑起身体

最初，大多数四足动物只能肚子贴着地面匍匐前进，后来，它们进化出了能够支撑起身体的四肢，行动更加灵活。

我的绝招就是"收腹提臀"，不再贴地爬行。

异齿龙

那有啥，你瞧我都能立起来啦！

波波龙

牙齿分化

　　早期爬行动物，虽有一定的撕咬能力，但不会咀嚼，因为进食的需求，它们的牙齿慢慢分化，长出分工不同的牙齿。

靠前的尖牙负责切割并把食物叨进嘴里。

后面的小牙负责将食物嚼碎。

我有一口好牙，牙好，效率就高！

我吃鱼第一，全靠牙齿！

兽族代表——异齿龙

龙族代表——中龙

体温恒定

　　与鱼类、两栖类和爬行类动物相比，兽类有了能控制体温的能力，它们既能保持体温，也能根据气候变化调节体温。

我们的毛发能让我们保持体温。

真不是我吹，这点我也能做到！

兽族代表——噬爪兽

龙族代表——芙蓉龙

现在，你们知道谁有优势了吗？

呃……好像是……

势均力敌？

"奇形怪状" 的哺乳动物祖先

始祖单弓兽的后代慢慢地繁盛兴旺，它们在向哺乳动物进化的过程中，样子可以用"奇形怪状"来形容。

> 你们快来看！这是谁的脚印？
> 一看就知道是个大块头……

> 这应该是前面
> 那些家伙留下的。

大肚汉

它叫杯鼻龙，体长 6 米，重达 2 吨，它的大肚腩里容纳着巨大的肠胃，好像一个原始的"消化工厂"，消化着吃进去的植物。

> 我可不是胖嘟嘟，
> 我只是肠胃粗……

> 天啊，你们是什么
> 怪物？长相好可怕！

◆ 杯鼻龙
生活在约 2.65 亿年前

角头怪

冠鳄兽，身躯庞大，好像公牛，锋利的牙齿吃肉吃素都不在话下，在它的大脑袋上顶着两个犄角，好像两个奇怪的头冠。

> 你才可怕呢，哈哈，头长得好滑稽。

◆ 冠鳄兽
生活在约 2.55 亿年前

> ……

"鸟嘴"兽

这个长着"鸟嘴"的怪兽是肯氏兽，像鸟一样的喙坚硬有力，能够切断树根。

> 告诉你吧，我可是素食主义者，我的嘴巴，刨土掘根那都不是事儿。

◆ 肯氏兽
生活在约 2.52 亿年前

> 别找碴啊！我可有背帆……

背帆者

基龙体形庞大，脊柱上竖着的背帆威风凛凛。

◆ 异齿龙
生活在 2.95 亿—2.9 亿年前

> 我也有！

◆ 基龙
生活在 3.03 亿—2.65 亿年前

古生物学家研讨大会

> 我认为背帆是用来调节体温的。

> 也有可能是用来震慑对手的。

> 不不，我倒觉得这是为吸引异性的，就像孔雀开屏。

> 关我啥事？

> 就问你怕不怕？

爬行祖先的"海陆空"阵营

空中飞龙

南翼龙

长嘴巴上长满了小牙，捕鱼时能像网一样过滤水。

生活在约 1.5 亿年前

风神翼龙

生活在约 8400 万—6500 万年前

翼展十几米，是有史以来最大的飞行动物之一。

救命啊！

哎呀呀！！

哗啦 哗啦

陆上古鳄

黄昏鳄

身体小巧而灵敏，是鳄鱼的祖先。

生活在约 2.2 亿年前

生活在约 2.45 亿—2.3 亿年前

链鳄

生活在约 1.95 亿年前

身披铠甲、全副武装的大型草食者。

嘿，老兄！

嗯？

派克鳄

是最早能够"站"起来的爬行动物之一。

水中"泳士"

鱼龙

也叫"鱼蜥蜴"，像鱼，又像海豚。

生活在 9900 万—6500 万年前

生活在 1.9 亿年前

薄片龙

有像蛇一样的长脖子，体长超过 10 米。

真双齿翼龙

目前已知的最古老的翼龙。

嘿，我觉得咱俩长得有点像。

喙嘴翼龙

长着鸟嘴，牙齿很尖，尾巴细长。

不要跟我套近乎……

生活在约 1.3 亿年前

生活在 2 亿—1.9 亿年前

翼龙是最早飞上天的脊椎动物，它们的翅膀是由皮膜进化而来的，就这样，原始的蜥蜴渐渐从跳跃变成了滑翔。

利用皮膜好像可以飞起来……

沧龙

体形巨大，重达十几吨。

恐鳄

史上最大的鳄鱼之一，凶猛无比，以恐龙为食。

生活在约 7000 万—6500 万年前

生活在约 7500 万年前

幻龙

尖牙细长锋利，像鳄鱼一样凶猛。

生活在约 2.4 亿—2.1 亿年前

嗷！

回到海洋

四足动物在登上陆地以后，又曾尝试回到祖先的海洋里，这个时期有很多海洋动物都是这样进化而来的。

你们不知道我都经历了什么！

29

恐龙出现

恐龙曾是陆地的霸主，称霸长达 1.6 亿年，我们将它们统治地球的漫长时期叫作恐龙时代。

牙齿

有这类尖锐牙齿的都是吃肉的恐龙。

牙齿奇形怪状的是吃植物的恐龙。

勺状齿　　钉状齿　　叶状齿

直立行走

体形大小不一，有的小如麻雀，有的大如房子。恐龙有直立行走的腿，它的四肢可以挺直。

四肢有爪

大部分有鳞状皮肤

而以前的爬行动物的腿肘膝弯曲，只能匍匐前进。

恐龙的祖先

一些研究认为，恐龙的祖先是三叠纪的鸟颈类主龙，它们体形很小，仅用两只脚行走，以小昆虫为食。

它们是生活在陆地上的爬行动物。

长尾巴

直立行走

哎呀呀，别让我抓住你！

哇，它们的前肢可以帮助它们捕食。

恐龙的后代

你知道吗？恐龙并没有完全灭绝，而是一直存活到了现在。其实，现在的鸟类就是恐龙的后代。

话说，我的祖先可是大名鼎鼎的恐龙！

噫！

恐龙蛋

恐龙蛋大小不一，小的和鸭蛋差不多，而大的甚至有篮球那么大。

别吞口水了，我们可不能被做成蛋炒饭……

恐龙家族

恐龙种类繁多，现已发现的恐龙就超过 800 种，它们之中，既有凶猛的肉食性恐龙，也有温驯的植食性恐龙，它们大小不同，形态各异，在数千万年里，演化成了一个庞大的家族。

三叠纪

生活在约 2.25 亿年前

生活在约 2.15 亿年前

生活在 2.22 亿—2 亿年前

生活在 1.5 亿—1.45 亿年前

生活在 7000 万—6500 万年前

腔骨龙
身形娇小，体态轻盈，奔跑速度很快。

板龙
体长约有 10 米，是最早的大型恐龙。

始盗龙
被认为是最原始的恐龙，能两足行走。

三叠纪　　侏罗纪　　白垩纪

剑龙
体形庞大，背部有两排骨板，尾巴上还有尖刺。

这脚印好像大坑。

恐龙的足迹

鸟脚类恐龙的脚印

兽脚类恐龙的脚印

蜥脚类恐龙的脚印

侏罗纪

生活在约 1.95 亿年前

双脊龙

头上长着两个头冠，
最凶猛残暴的食肉动物。

生活在 1.5 亿—1.47 亿年前

梁龙

身长近 30 米，是最长的恐龙。

生活在 7000 万—6500 万年前

生活在 6800 万—6500 万年前

白垩纪

甲龙

身体覆盖着坚硬的甲
片，尾尖有巨型的尾锤。

暴龙

身体足有一辆公共汽车那么
长，体重超过一头大象。

三角龙

额头和鼻子上共长有 3 个角，
是最大的恐龙之一。

恐龙变鸟记

在恐龙漫长的进化中，一些小型的兽脚类恐龙渐渐地向鸟类进化，它们的身体不断演化，从陆地飞到了天上。

为了飞翔而进化

它们会变身了吗?

这可不是一下变成的，恐龙家族大约花了 5000 万年的时间才进化成鸟类。

"扑棱棱"

骨骼很轻

长有羽毛

飞翔

体温恒定

有喙，没有牙齿

恐龙的"瘦身"

身材变得越来越小，减轻了身体重量，更有助于飞行。

要是能飞起来就好了……

卵生

两足动物

身体还是有点重!

好多啦!

骨头变为细长中空的结构，骨架更轻盈。

尾骨退化，尾巴变短，身体更轻便。

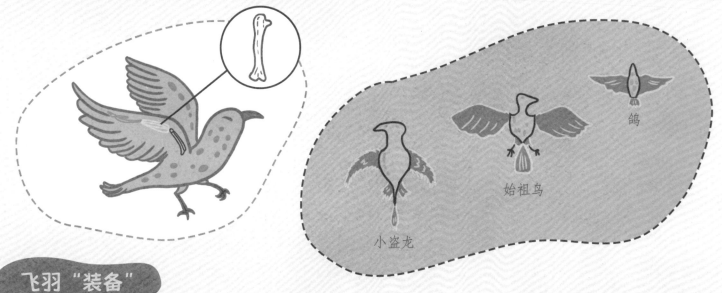

小盗龙

始祖鸟

鸽

飞羽"装备"

恐龙是最早长出羽毛的动物，在恐龙向鸟进化的过程中，羽毛也进化成了强大的"助飞"装备——飞羽。

最开始的羽毛，只是一根中空管。

从根部发育出很多小绒毛，形成簇状。

发育成两侧对称的形状。

在两侧的根毛上出现分叉。

进化为两侧不对称适合飞行的飞羽。

呼吸系统的升级

鸟类的呼吸系统和爬行动物、哺乳动物不同，它们体内进化出与肺相连的气囊，能够提高换气效率，更加适应飞翔。

肺

气囊

吸气、呼气

真是白日做梦。

我也想进化到可以飞起来。

35

鸟的前世今生

鸟是由恐龙进化而来的，最直接的依据就是，我们在一些恐龙身上发现了鸟类的羽毛，还在早期鸟类身上发现了恐龙的特征，如爪子、牙齿等。

始祖鸟

一种小型恐龙，既有鸟类的羽毛，又有恐龙的爪子。

生活在约 1.5 亿年前

我是恐龙，没想到吧……

就问你，我美不美？

中华龙鸟

前肢粗短，后腿较长，长有原始羽毛。

生活在约 1.4 亿年前

我的羽毛是认真的……

谁还没个可以炫耀的尾巴……

生活在 1 亿—6600 万年前

鸟类的始祖

耀龙

跟鸽子差不多大，尾巴上翘着长长的尾羽。

生活在约 1.64 亿年前

生活在 1.25 亿—1.2 亿年前

早期鸟类

孔子鸟

是已知的最早的无齿鸟，有长长的尾羽，翅膀上有爪子。

鱼鸟

善于飞翔，大小与海鸥相似，嘴里有牙齿。

阿根廷巨鹰

是最大的飞行鸟类，翼展长约7米，足有一架轻型飞机那么大。

生活在约600万年前

黄昏鸟

它们的翅膀退化，不会飞，但有像鸭子一样的大脚蹼，善于游泳。

生活在约7500万年前

啥情况？

好粗的树干。

这是这只大鸟的腿！

距今约200万年

不许叫我鸭子！

在鸟的世界，翅膀就是王道。

晚期鸟类

恐鸟

有史以来最大的不飞鸟，身高是一个成年人的两倍。

现代鸟类

现代鸟类是恐龙的后代，可以说是仍幸存于世的恐龙的一支。

向哺乳动物进化

哺乳动物最显著的特点是幼崽在出生以后是需要吃奶的，它们这种特性是从卵生进化而来的。

全身有毛

哈哈，它们找不到我啦！

哇，这就是传说中的猛犸象啊！

用肺呼吸

体温恒定

从卵生到胎生

哺乳动物是靠胎生来繁殖后代，而之前的动物多是以卵生的方式繁衍后代。卵生就是像小鸡一样是从蛋里生出来的，而胎生是宝宝在妈妈的子宫里发育成熟。

哺乳动物的演化

猛犸象也叫长毛象，毛很长，身高近3米，身体重达十几吨，陆地上最大的哺乳动物之一，生活在寒冷地带，它们曾经是在1万多年前灭绝了。

用胎生的方式繁殖

用乳汁喂养刚出生的后代

我……我还是蛋生。

卵生哺乳动物

鸭嘴兽

我的娃生出来在我的袋里吃奶。

有袋哺乳动物

袋鼠

我已经是真正的胎生啦！

藏羚羊

胎盘哺乳动物

哺乳动物家族

包括人、猿类和猴子在内的灵长类。

靠"袋子"哺育幼崽的有袋类。

生活在海里的鲸类。

以吃肉为主的肉食动物。

以植物为食，长着蹄子的植食动物。

唯一会飞的哺乳动物——蝙蝠。

像兔子那样靠4颗门牙来咬东西的啮齿类。

它们都是哺乳动物

在白垩纪，恐龙灭绝以后，哺乳动物的家族开始壮大，并且很快遍布世界，出现了哺乳动物的"大爆发"。

我是靠"口袋"哺乳的哺乳动物。

生活在约 1.25 亿年前

生活在约 1.23 亿年前

始祖兽

早期哺乳动物，长尾巴，长脚趾，很像老鼠。

中国袋兽

把幼崽装在身体的育儿袋发育，是有袋类哺乳动物的祖先。

摩尔根兽

是最古老的哺乳动物。

始祖马

体形像羊，是马的祖先。身高只有大约 30 厘米。

生活在约 2.05 亿年前

生活在约 5000 万年前

前辈？

叫什么前辈，我是你老祖宗。

马的进化

草原古马

生活在 4000 万—3000 万年前

生活在约 2000 万年前

渐新马

中新马

生活在约 3200 万—2500 万年前

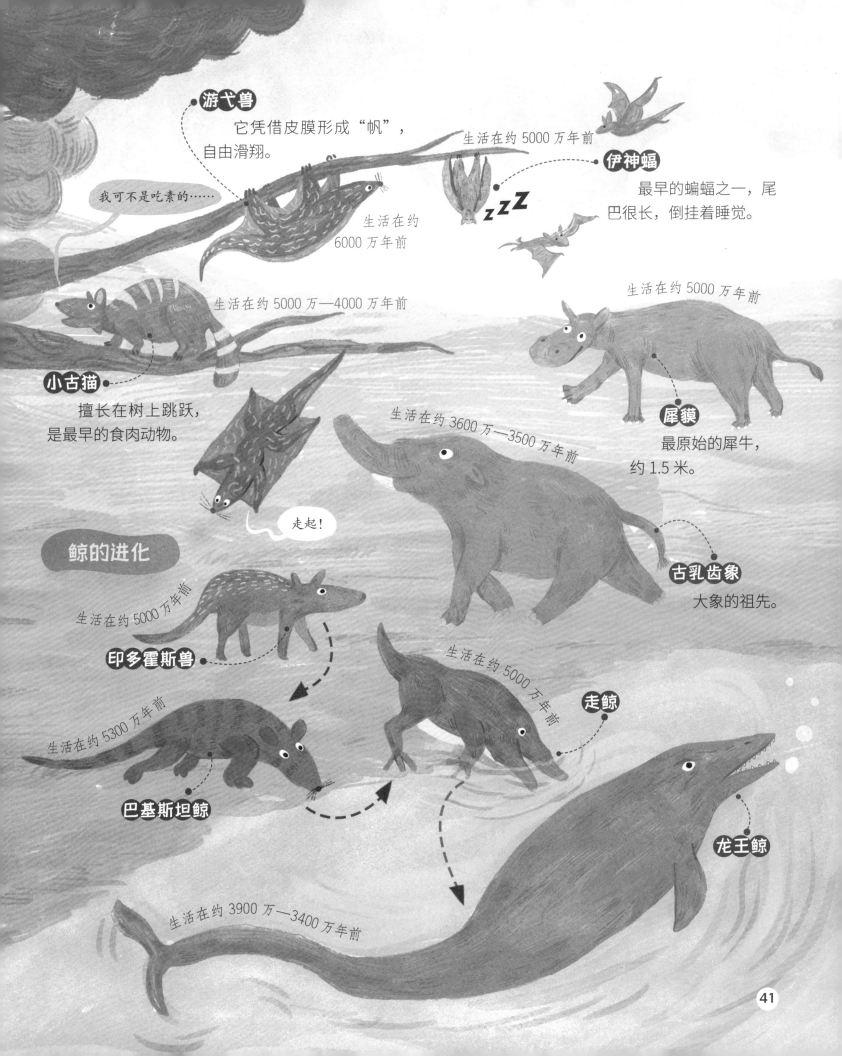

游弋兽
它凭借皮膜形成"帆"，自由滑翔。

生活在约5000万年前

伊神蝠
最早的蝙蝠之一，尾巴很长，倒挂着睡觉。

我可不是吃素的……

生活在约6000万年前

zZZ

生活在约5000万—4000万年前

生活在约5000万年前

犀貘
最原始的犀牛，约1.5米。

小古猫
擅长在树上跳跃，是最早的食肉动物。

生活在约3600万—3500万年前

走起！

鲸的进化

古乳齿象
大象的祖先。

生活在约5000万年前

印多霍斯兽

生活在约5000万年前

走鲸

生活在约5300万年前

巴基斯坦鲸

龙王鲸

生活在约3900万—3400万年前

41

从猴到人

人类起源于树栖的灵长类，最早的灵长类是外形像松鼠的小动物，在恐龙灭绝后的哺乳动物繁盛时期，它们的体形越来越大，头脑越来越聪明。

达尔文猴

生活在 4700 万年前，尾巴很长，尖脸大眼，是敏捷的攀爬者。

秘鲁猴

生活在 3600 万年前，能用强有力的尾巴卷在树上飘荡。

尾巴好使！

从树上到地面

因为气候的变化，森林大量消失，猴类的体形和行为也开始变化，尾巴消失，大脑变大，同时具备了在树上和地面上生活的能力。

南方古猿

生活在 550 万—130 万年前，以植物和野兽为食，会使用简单工具。

地猿

生活在 580 万—440 万年前，可以直立行走，同时又可以树栖生活。

森林古猿

生活在约 1300 万年前，像黑猩猩那样过着群体生活，是人类最早的祖先。

曲折的进化之路

地球上的生命从诞生的那一刻起，至今已有近 40 亿年的进化历史，但这进化的历程却是曲折的。据统计，地球上曾经出现过的古生物，99% 都已经消失了。

小型始盗龙

大型暴龙

进化 →

灭绝

陨石撞击地球，气温变冷。

鼻子较短的长鼻兽

长鼻子猛犸象

进化 →

灭绝

气候变暖，草场植物减少。

可以飞的始祖鸟

不能飞翔的恐鸟

进化 →

灭绝

人类的捕杀。

5 次生物大灭绝

地球形成以来，发生过几次物种灭绝事件，称为"大灭绝"，从很多方面来说，灭绝推动了进化，它让生存下来的动物通过不断的进化适应了新的环境，促使物种进化的飞跃。

【第一次】	【第二次】	【第三次】	【第四次】	【第五次】
奥陶纪生物大灭绝 4.4 亿年前	泥盆纪大灭绝 约 3.65 亿年前	二叠纪大灭绝 约 2.5 亿年前	三叠纪大灭绝 约 2 亿年前	白垩纪大灭绝 约 6500 万前

直接导致 85% 的海洋生物灭绝，拉开了海洋鱼类繁盛的序幕。	直接导致 82% 的生物灭绝，促成了陆生脊椎动物的出现。	直接导致多达 95% 的海洋生物和 75% 的陆生脊椎动物灭绝，促使脊椎动物进一步进化，小型恐龙出现。	直接导致包括鳄类在内的 70% 的物种灭绝，拉开恐龙繁盛的序幕，恐龙开始变多，也更强大。	直接导致包括恐龙在内的大批物种灭绝，使得鸟类繁盛，开启了哺乳动物的时代，直至人类的出现。

我是适应自然发展的，所以不要再拿我跟比我大的动物比脑容量了！

开个玩笑嘛。

演化还在继续

新生代　　　　　　　　　　　　第四纪（260万—1万年前）

　　　　　　　　　　　　　　　新近纪（2303万—260万年前）

　　　　　　　　　　　　　　　古近纪（6500万—2303万年前）

中生代　　　　　　　　　　　　白垩纪（1.45亿—6500万年前）

　　　　　　　　　　　　　　　侏罗纪（2亿—1.45亿年前）

　　　　　　　　　　　　　　　三叠纪（2.51亿—2亿年前）

古生代　　　　　　　　　　　　二叠纪（2.99亿—2.51亿年前）

　　　　　　　　　　　　　　　石炭纪（3.6亿—2.99亿年前）

　　　　　　　　　　　　　　　泥盆纪（4.16亿—3.6亿年前）

　　　　　　　　　　　　　　　志留纪（4.44亿—4.16亿年前）

　　　　　　　　　　　　　　　奥陶纪（4.88亿—4.44亿年前）

　　　　　　　　　　　　　　　寒武纪（5.41亿—4.88亿年前）

前寒武纪　　　　　　　　　　　（38亿—5.41亿年前）

冥古宙　　　　　　　　　　　　（46亿—38亿年前）

进化还在继续……

　　进化不只有过去才发生，它是在持续进行的。进化非常缓慢，需要千百万年的过程，我们看不到它的发生，但只要地球上的生命在继续，进化就会进行下去……

图书在版编目（CIP）数据

这就是物种起源 / 恐龙小Q少儿科普馆编. — 北京 ：
北京出版社，2023.1
（哇，科学可以这样学）
ISBN 978-7-200-17199-0

Ⅰ．①这… Ⅱ．①恐… Ⅲ．①物种起源 — 少儿读物
Ⅳ．①Q111.2-49

中国版本图书馆 CIP 数据核字（2022）第 098017 号

哇，科学可以这样学

这就是物种起源
ZHE JIU SHI WUZHONG QIYUAN

恐龙小 Q 少儿科普馆　编
*
北 京 出 版 集 团
北 京 出 版 社　出 版

（北京北三环中路 6 号）
邮政编码：100120

网　　　　址：w w w . b p h . c o m . c n

北 京 出 版 集 团 总 发 行
新 华 书 店 经 销
北京天恒嘉业印刷有限公司印刷
*
710 毫米 ×1000 毫米　8 开本　7 印张　120 千字
2023 年 1 月第 1 版　2023 年 1 月第 1 次印刷
ISBN 978-7-200-17199-0
————————————
定价：68. 00 元

如有印装质量问题，由本社负责调换
质量监督电话：010-58572393

恐龙小 Q

　　恐龙小 Q 是大唐文化旗下一个由国内多位资深童书编辑、插画家组成的原创童书研发平台，下含恐龙小 Q 少儿科普馆（主打图书为少儿科普读物）和恐龙小 Q 儿童教育中心（主打图书为儿童绘本）等部门。目前恐龙小 Q 拥有成熟的儿童心理顾问与稳定优秀的创作团队，并与国内多家少儿图书出版社建立了长期密切的合作关系，无论是主题、内容、绘画艺术，还是装帧设计，乃至纸张的选择，恐龙小 Q 都力求做得更好。孩子的快乐与幸福是我们不变的追求，恐龙小 Q 将以更热诚和精益求精的态度，制作更优秀的原创童书，陪伴下一代健康快乐地成长！

原创团队

创作编辑：大阳阳
绘　　画：魏　楠
策 划 人：李　鑫
艺术总监：蘑　菇
统筹编辑：毛　毛
设　　计：王娇龙　赵　娜